Fracturas extracapsulares de fémur proximal. Osteosíntesis con tornillo-placa deslizante (DHS) versus clavo gamma.

Dr. Marcelo Alejandro Carbonetti

Servicio de Ortopédia y Traumatología. Hospital Municipal de Urgencias, Córdoba Capital, Argentina.

I0494149

INTRODUCCIÓN

La incidencia de fracturas extra capsulares de fémur se ha incrementado de forma considerable debido al aumento de politraumatismos por accidentes de tránsito como también al aumento de la esperanza de vida de la población. El objetivo del tratamiento quirúrgico de estas fracturas es conseguir una osteosíntesis estable que permita la temprana movilización, apoyo del paciente y consolidación de la fractura, para reducir así su morbi-mortalidad. Sin embargo, aún hoy, el fracaso de los implantes utilizados para su estabilización es una de las complicaciones más importantes del tratamiento de estas fracturas. Entre los factores que influyen en dicho fracaso se destacan: la inestabilidad de la fractura, el tipo de implante utilizado, la calidad de hueso receptor, la inadecuada reducción de la fractura y la inexacta colocación del implante (1, 2, 3).

El tornillo placa deslizante (DHS) a compresión ha sido ampliamente utilizado en la última década, mejorando los resultados clínicos respecto de los clásicos diseños rígidos como los clavos placa (4). Recientemente el clavo GAMMA constituye la alternativa como síntesis intramedular encerrojada para el tratamiento de las fracturas extracapsulares de fémur. El clavo GAMMA intenta combinar las ventajas de un tornillo deslizante para asegurar una fijación más estable con aquellas derivadas de una técnica quirúrgica cerrada.

OBJETIVOS

El objetivo de este trabajo es comparar ambos medios de fijación en las fracturas extracapsulares, para verificar las ventajas teóricas de un sistema sobre otro, e identificar qué fracturas pueden beneficiarse con cada una de estas técnicas, mejorando la evolución del paciente.

MATERIAL Y MÉTODOS

Se ha realizado un estudio retrospectivo de pacientes con fractura extra capsulares de fémur tratados quirúrgicamente en el Servicio de Traumatología del Hospital de Urgencias de Córdoba desde el año 2007 hasta el 2009 inclusive, que fueron sintetizadas con un clavo GAMMA (33 pacientes) o con tornillo placa dinámico de cadera (DHS) (en 24pacientes) y con un seguimiento mínimo de 6 meses. La elección del sistema a utilizar fue al azar, sin existir diferencias significativas en las características preoperatorias del paciente (edad, sexo, estado clínico general, tipo de deambulación) y del tipo de fractura.

En el análisis de los casos se compararon las siguientes variables: duración de la intervención, pérdida sanguínea, estancia en el Hospital y tiempo hasta la deambulación.

Se analizaron los controles radiológicos postoperatorios en las proyecciones AP y axial de cadera para definir la correcta reducción de la fractura en base a los siguientes criterios: desplazamiento de la cortical medial y/o superior menor de 5 mm entre los dos principales fragmentos y ángulo cervico-diafisario de fémur entre 160 y 175°, así como la correcta posición del tornillo en la cabeza femoral cuando éste se situaba en el tercio medio en ambas proyecciones y a una distancia igual o inferior a 10 mm de la superficie articular.

El resultado clínico se valoró en relación a tres variables: presencia de dolor, nivel de actividad y capacidad de deambulación. Se consideró aceptable cuando el dolor era ausente, la actividad desarrollada por el paciente no estaba limitada y caminaba sin necesidad de ayuda externa.

Se estudió la pérdida de reducción de la fractura cuando el ángulo cervico-diafisario se modificó en más de 10° respecto del anotado inicialmente en las proyecciones radiológicas habituales, así como la migración del tornillo en la cabeza femoral, cuando éste cambió su posicionamiento original en más de 5 mm.

RESULTADOS

En los gráficos I al V se detallan los datos referentes a los pacientes y al tipo de fractura, siendo la edad promedio 59 años, la cual es menor que otros estudios debido a la mayor cantidad de accidentes de tránsito de jóvenes entre nuestros pacientes, por ser un hospital de urgencias. Lo mismo ocurre con la distribución por sexo, siendo más frecuente en hombres en nuestra muestra.

Gráfico I
Promedio de edad de los pacientes.

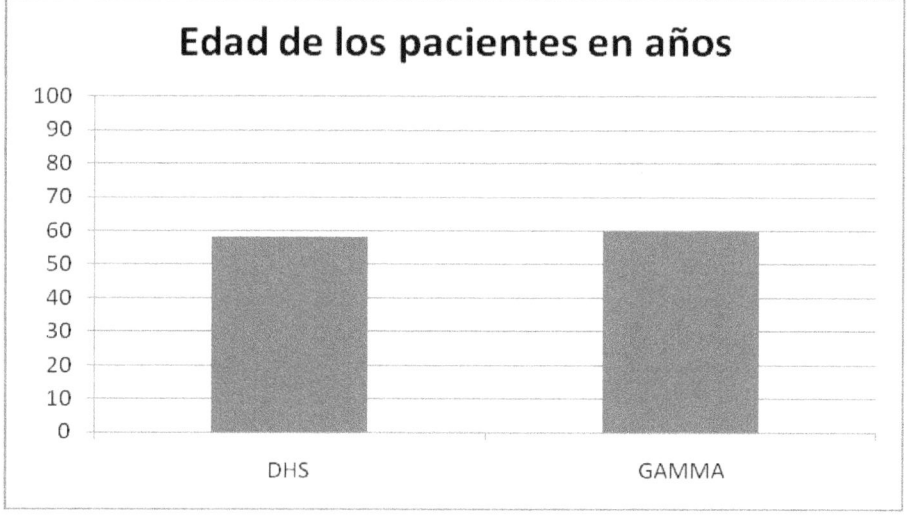

Gráfico II
Pacientes por sexo.

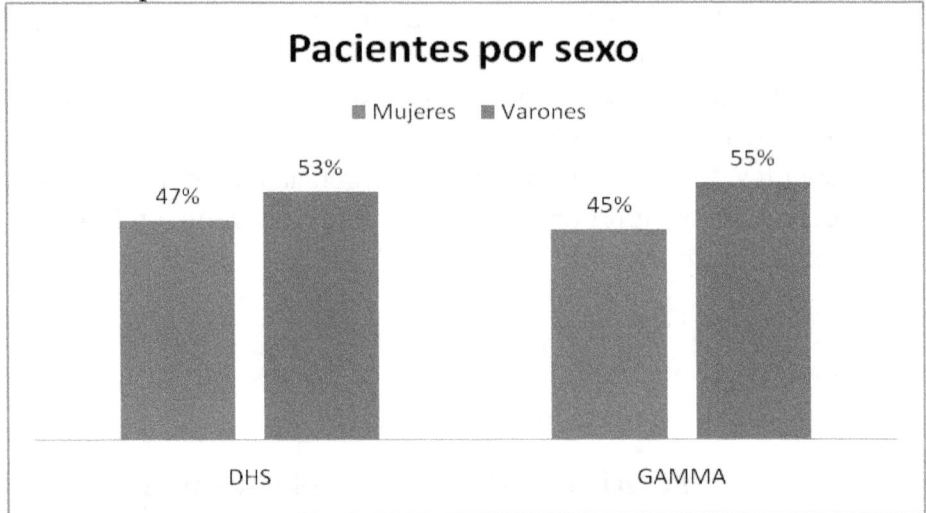

También se observó una frecuencia de fracturas inestables del 77%, y preponderantemente una buena deambulación previa a la fractura en los pacientes estudiados.

Gráfico III
Porcentaje de fracturas inestables.

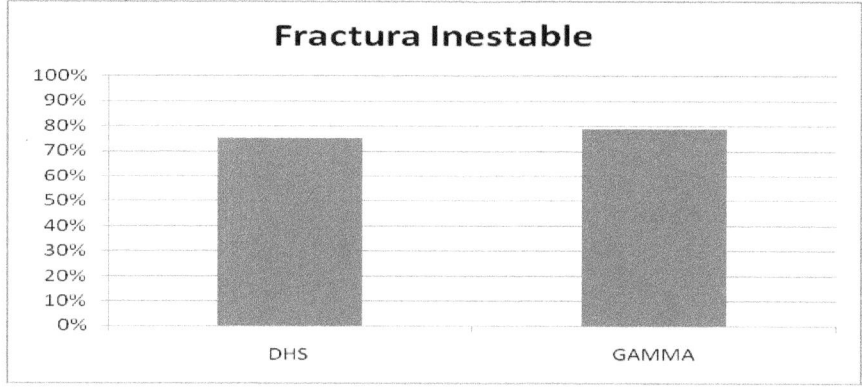

Gráfico IV
Capacidad de deambulación previa.

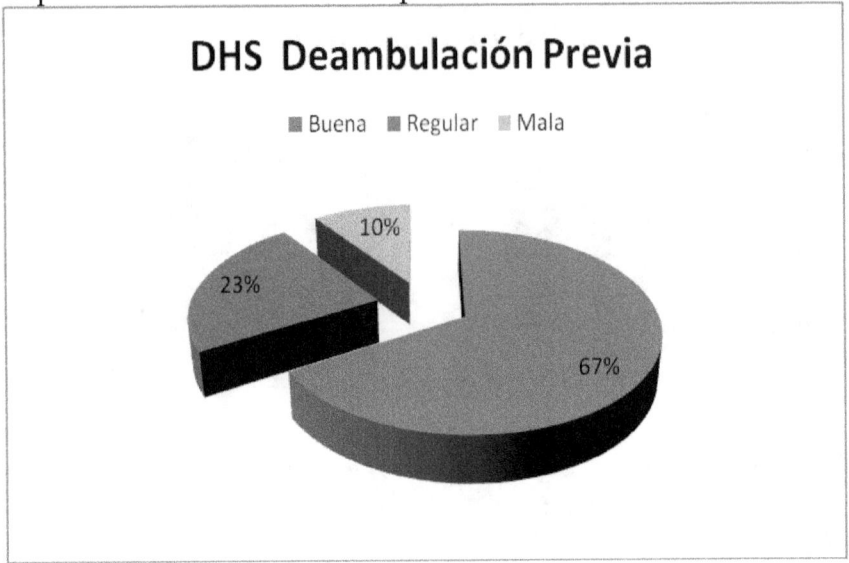

GráficoV
Capacidad de deambulación previa

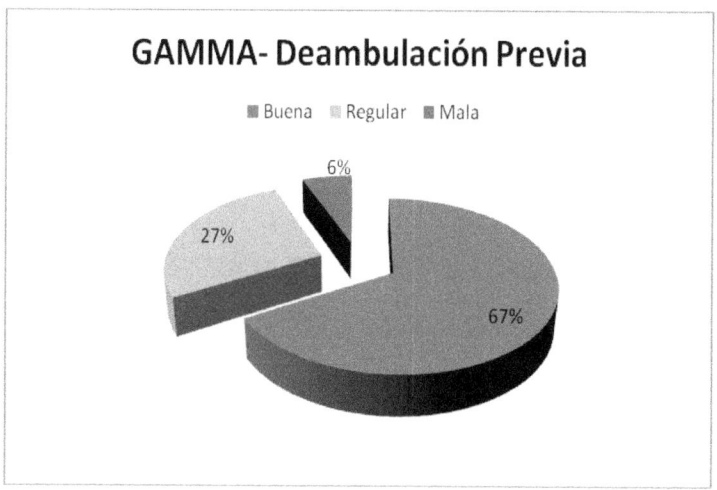

En los gráficos VI y VII se reflejan los datos respecto del tiempo de intervención y disminución de la hemoglobina por sangrado quirúrgico, en los dos tipos de sistemas a comparar.

Gráfico VI
Duración de la intervención quirúrgica.

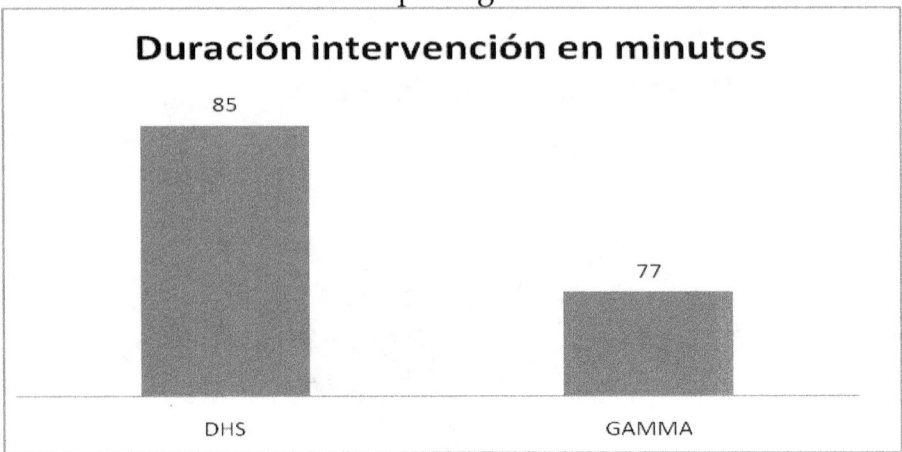

Gráfico VII
Pérdida sanguínea.

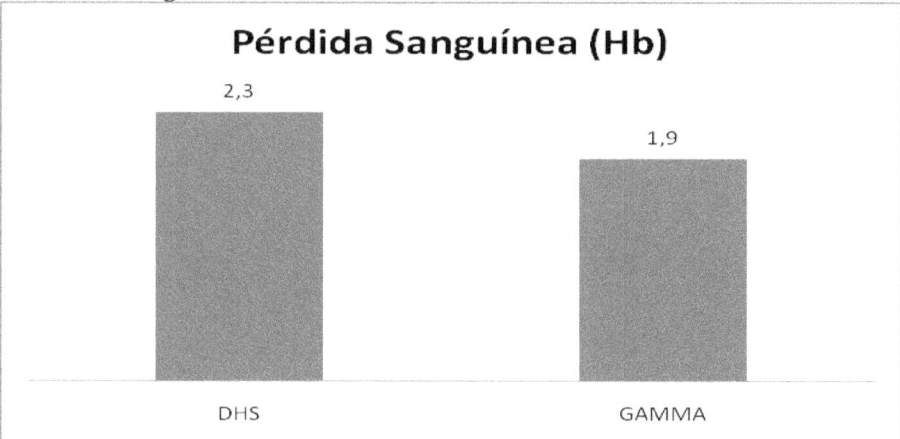

El correcto posicionamiento del material de síntesis, se logró con mayor frecuencia al utilizar el clavo GAMMA (77% de los pacientes), obteniéndose una diferencia estadísticamente significativa (p< 0,05), respecto de la serie con DHS, donde sólo 17 pacientes (70%) mostraron una fijación correcta del implante.

Las siguientes radiografías muestran fracturas extracapsulares sintetizadas con ambos sistemas.

Figura I: Clavo GAMMA

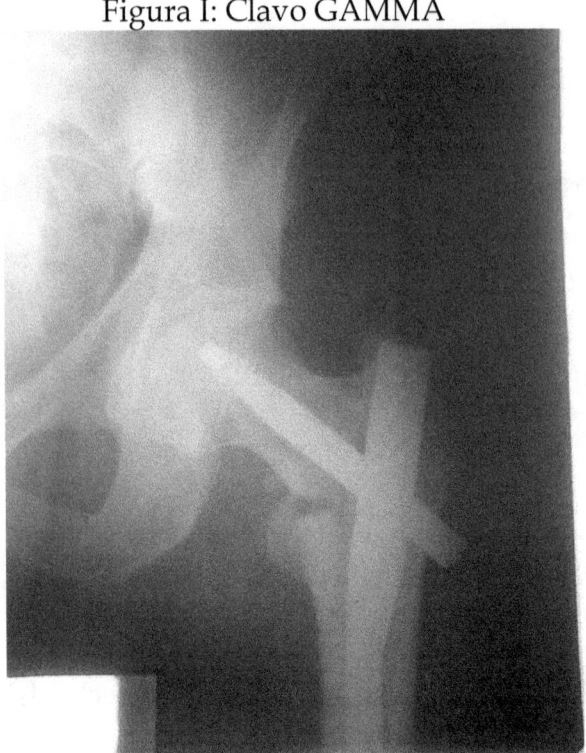

Figura II: DHS.

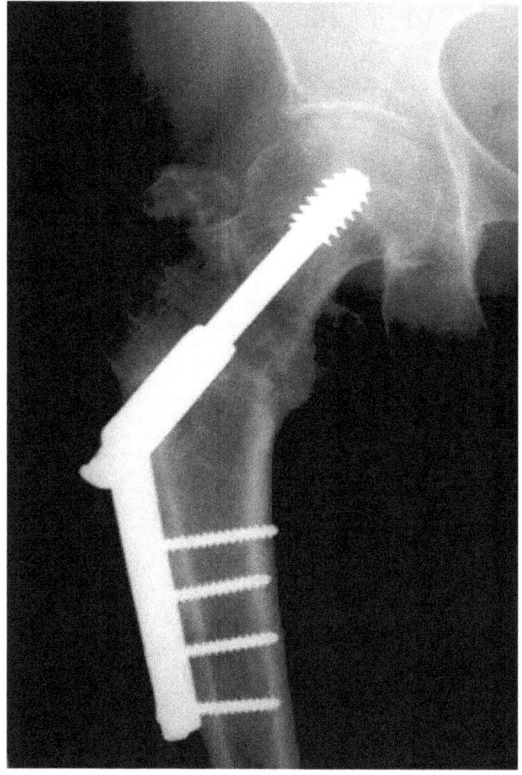

En el gráfico VIII se observan comparativamente las complicaciones de ambos sistemas.

Gráfico VIII
Complicaciones quirúrgicas y evolución del tratamiento con
los distintos sistemas.

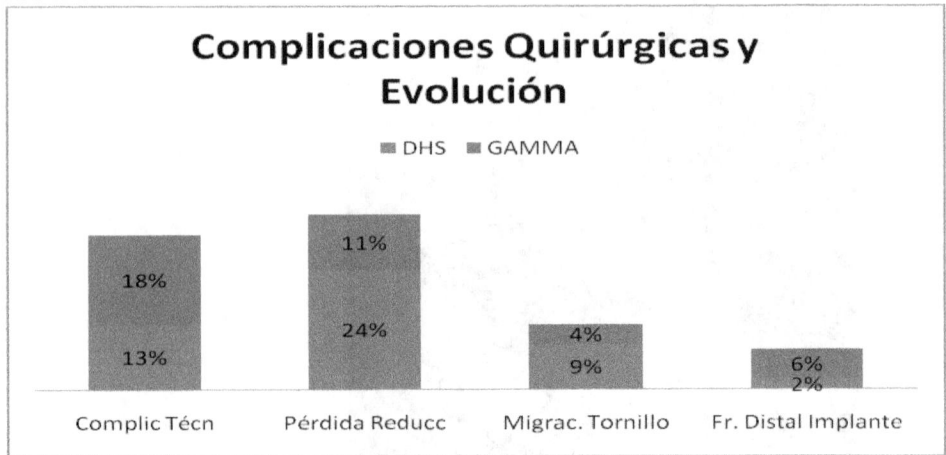

Con respecto a las complicaciones, se observó con el
clavo GAMMA, mayor cantidad de complicaciones técnicas
(18%), fractura diafisaria del fémur distal a la punta del clavo
en dos pacientes (6%) y atascamiento durante la introducción
del clavo en un caso. También se detectó penetración articular
del tornillo en un paciente (4%).

Se pudo apreciar que el DHS mostró mayor incidencia
de pérdida de reducción de la fractura al final del período de
curación, con resultado de consolidación en varo de la misma
(24%). Además, el implante fracasó, por migración del tornillo
en la cabeza femoral en cuatro fracturas (9%) sintetizadas con
DHS.

La estancia hospitalaria fue más prolongada en los
pacientes con DHS (7 días) que con GAMMA (5.5 días). Así
mismo el tiempo para el apoyo parcial fue menor (30 días para
el GAMMA y 40 días para el DHS), como se puede apreciar en
los gráficos IX y X.

Gráfico IX
Estancia hospitalaria en días.

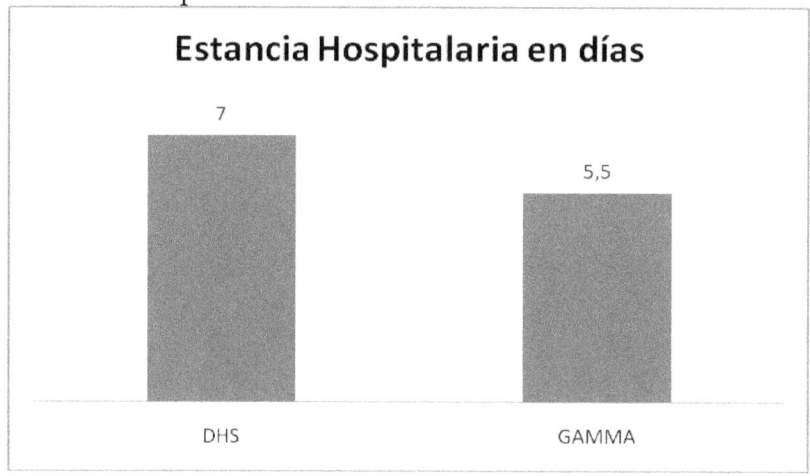

Grafico X
Tiempo de apoyo en días.

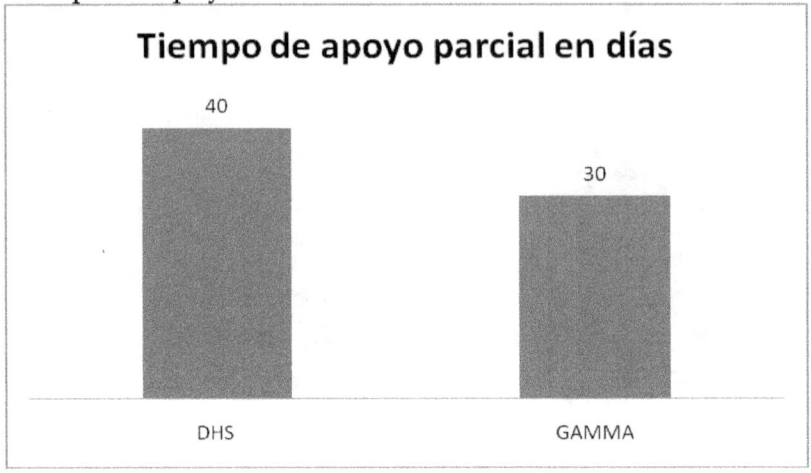

Tiempo de apoyo parcial en días

40

30

DHS

GAMMA

DISCUSIÓN

El clavo de GAMMA presenta entre sus ventajas teóricas para el tratamiento de las fracturas extracapsulares de fémur la de utilizar una técnica quirúrgica cerrada, con lo que se requiere un menor tiempo de intervención, existe menor pérdida sanguínea y menor índice de infección (1, 7, 8, 9).

Sin embargo, tanto los datos aportados en nuestro estudio como en otros trabajos de reciente publicación (1, 8), parecen no confirmar dichas ventajas, si se los analiza comparativamente con aquéllos obtenidos con el DHS.

Los pacientes tratados con el DHS mostraron una mayor incidencia, aunque no significativa, de pérdida de la reducción de la fractura al final del proceso de curación respecto de la inicialmente obtenida. Estos hechos podrían explicarse en base a la ventaja biomecánica que supone en el clavo gamma una síntesis intramedular, cercana al eje de carga de la cadera, por la cual el brazo de palanca y el momento de inclinación que sufre el tornillo es menor (1, 7-10).

La incidencia de fracaso del implante en pacientes tratados con DHS en nuestro estudio (9%) es similar a la obtenida por otros autores como Davis y cols. (2): 13% o Bannister y cols (11) 11%. Este hecho se ha relacionado con cuatro factores: inestabilidad de la fractura (12), baja calidad del hueso trabecular del paciente, incorrecta reducción de la fractura (2) e inexacta colocación del implante (13).

Sin embargo, no existe acuerdo en cuanto a qué criterio de reducción de la fractura puede marcar el fracaso del implante. Así, mientras que el «alineamiento», es decir, el ángulo cervicodiafisario correcto, principalmente en proyección radiológica lateral, es imprescindible para evitar el fracaso del implante (13); para otros autores (2, 3), la incorrecta «aposición», es decir, la existencia de una diástasis superior a 5 mm en la cortical medial de los dos principales fragmentos, va a ser la responsable del fracaso del implante.

Mayor acuerdo existe en cuanto al correcto posicionamiento del tornillo dentro de la cabeza femoral.

La localización del tornillo en el tercio central en ambas proyecciones radiológicas (AP y axial) parece evitar el fracaso del implante (2, 6, 14). Nosotros encontramos una relación estadísticamente significativa entre el fracaso del implante y la incorrecta reducción de la fractura, pero no así, cuando el tornillo no se localizó de acuerdo a los criterios previamente establecidos.

Las dificultades técnicas fueron mayores con el clavo GAMMA(gráfico VIII). Entre ellas cabe destacar el atascamiento en la introducción del clavo, la fractura del trocanter mayor, (8, 15, 16), y la fractura de la diáfisis femoral por debajo del clavo (1, 8, 9). Estas complicaciones parecen derivadas del diseño del clavo, que presenta una inclinación de 10° de valgo para facilitar su inserción, pero que no se adapta a la forma del fémur proximal por lo que se crea una excesiva tensión sobre su punta, derivando en fracturas distales al clavo.

La única ventaja técnica, que nosotros pudimos constatar, fue un más correcto posicionamiento del tornillo en la cabeza femoral cuando se utilizó un clavo de ángulo bajo (130°) si lo comparamos con el DHS, donde se logró una correcta colocación del tornillo sólo en el 63% de los casos.

El resultado clínico final no mostró diferencias significativas entre ambos grupos, en cuanto a la presencia de dolor en la cadera o pérdida de la capacidad de deambulación al final del seguimiento.

Tampoco observamos retraso de consolidación de la fractura cualquiera que fuese la técnica utilizada.

Sin embargo, pudimos comprobar como otros autores (10, 16, 17) una reducción en el tiempo necesario para iniciar el apoyo en los pacientes en los que se empleó el clavo GAMMA, sin que por ello encontráramos una mayor incidencia de fracasos.

En conclusión, de todas las ventajas imputadas al clavo GAMMA para el tratamiento de las fracturas extracapsulares, nosotros sólo pudimos constatar cuatro al compararlas con el DHS:

1. Mejor posicionamiento del tornillo en la cabeza femoral.
2. Menor pérdida de la reducción durante el tiempo de curación de la fractura.
3. Menor tiempo para el inicio del apoyo.
4. Mayor estabilidad en las fracturas inestables.

Todas estas ventajas denotan que el clavo GAMMA es un implante sólido, pero precisamente por ello, no carente de complicaciones para tratar enfermos con mala calidad ósea, por lo que creemos que su uso se debe limitar para el tratamiento de fracturas extracapsulares inestables o fracturas subtrocantéricas.

BIBLIOGRAFÍA

1. Bridle SH, Patel AD, Bircher M, Calvert PT. Fixation of intertrochanteric fractures of the femur. J Bone Joint Surg 1991; 73-B: 330-4.

2. Davis TRC, Sher JL, Horsman A, Simpson M,Porter BB, Checketts RG. Intertrochanteric femoral fractures. Mechanical failure after internal fixation. J Bone Joint Surg 1990; 72-B: 26-31.

3. Larsson S, Friberg S, Hansson LI. Trochanteric fractures. Influence of reduction and implant position on impaction and complications. Clin Orthop 1990; 259: 130-9.

4. Moller B, Lucht V, Crymer F, Bartholdy N. Instability of trochanteric hip fractures following internal fixation. A radiographic comparison of the Richards sliding screw-plate and the McLaughlin nail-plate. Acta Orthop Scand 1984; 54: 517.

5. Evans EM. The treatment of trochanteric fractures of the femur. J Bone Joint Surg 1949; 31-B: 190-203.

6. Whitelaw CP, Segal D, Sanzone CF, Ober NS, Hadley N. Unstable intertrochanteric/subtrochanteric fractures of the femur.
Clin Orthop 1990; 252: 238-45.

7. Haider SC. The GAMMA nail for peritrochanteric fractures. J Bone Joint Surg 1992; 74-B: 340-4.

8. Leung KS, So WS, Shen WY, Huy PW. GAMMA nail and dinamic hip screws for peritrochanteric fractures. A randomized prospective study in elderly patients. J Bone Joint Surg 1992; 74-B: 345-51.

9. Radford PJ, Necdoff M, Webb JK. A prospective randomised comparison of the dynamic hip screw and the GAMMA locking nail. J Bone Joint Surg 1993; 75-B: 789-93.

10. Davis J, Harris MB, Duval M, D'Ambrosia R. Pertrochanteric fractures treated with the GAMMA nail: Technique and report of early results. Orthopaedics 1991; 14: 939-42.

11. Bannister GC, Orth MCH, Gibson AGF, Ackroyd CE, Newman JH. The fixation and prognosis of trochanteric fractures. A randomized prospective controlled trial. Clin Orthop 1990; 254: 243-6.

12. Flores LA, Harrington IJ, Heller M. The stability of intertrochanteric fractures treated with a sliding screw-plate. J Bone Joint Surg 1990; 72-B: 37-40.

13. Thomas AP. Dynamic hip screws that fail. Injury 1991; 22: 45-6.

14. Mulholland RC, Gunn DR. Sliding screw fixation of intertrochanteric femoral fractures. J Trauma 1972; 12: 581-91.

15. Williams WW, Parker BC. Complications associated with the use of the GAMMA nail. Injury 1992; 23: 291-2.

16. Lindsey RW, Teal P, Probe RA, Rhoads D, Davenport S, Schauder K. Early experience with the GAMMA interlocking nail for peritrochanteric fractures of the proximal femur. J Trauma 1991; 31: 1649-57.

17. Albareda Albareda J, Lasierra Sanroman JM, Sánchez Gimeno M, Bello Nicolau M.° L, Palanca Martín D, Seral Iñigo F. El clavo GAMMA en las fracturas proximales de fémur. Rev Esp Cir Osteoart 1992; 27: 1-6.VOLUMEN 30; N.° 177 MAYO-JUNIO, 1995.

www.ingramcontent.com/pod-product-compliance
Lightning Source LLC
Chambersburg PA
CBHW070734180526
45167CB00004B/1757

* 9 7 8 1 4 9 9 1 7 6 0 1 8 *